LA CULTURE

ET

LA VIE DES CHAMPS.

LA CULTURE

ET LA

VIE DES CHAMPS

PAR J. BODIN

DIRECTEUR DE L'ÉCOLE D'AGRICULTURE DE RENNES,
Chevalier de la Légion-d'Honneur.

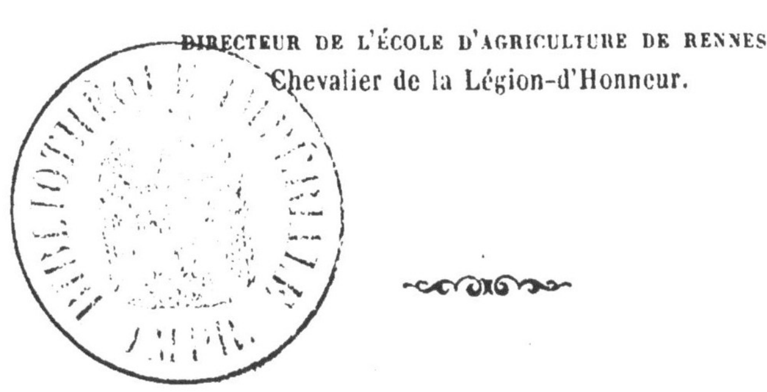

RENNES
CHEZ VERDIER, LIBRAIRE-ÉDITEUR.

1858.

LA CULTURE

ET LA

VIE DES CHAMPS.

CHER LECTEUR,

On peut faire de l'agriculture et ne prendre intérêt au froment, aux vaches, aux bœufs, que pour le produit net qu'on en retire; mais combien y trouvera-t-on plus de plaisir si, en visant au résultat réel, on s'occupe de tout ce qui environne.

Je ne vous proposerai pas de faire des collections de plantes, d'insectes, de pierres, d'oiseaux. Ces études seraient trop longues, et je ne pourrais vous y guider. Examinons simplement toutes ces choses dans leurs généralités, dans quelques-uns de leurs rapports avec le grand ensemble au milieu duquel nous vivons. Plus tard, nous aurons le désir d'étudier les détails. Nous ne serons plus seuls dans nos champs; ils s'animeront de mille vies que nous n'avions pas remarquées, et chaque saison sera variée de nouveaux charmes.

Mais je me permettrai d'abord de vous adresser quelques questions :

Êtes-vous agréablement impressionné par un coup de soleil de printemps ou d'automne? Aimez-vous à voir un oiseau faire son nid?

Des abeilles qui travaillent vous intéressent-elles? Avez-vous le désir de connaître leurs habitudes?

Êtes-vous émerveillé de voir une fleur s'ouvrir le matin et se fermer le soir?

Si tout cela ne vous dit rien, ne continuez pas à me lire ; prenez-moi pour un rêveur, je n'en serai pas choqué.

Je ne suis ni botaniste, ni anthomologiste, ni minéralogiste ; mais j'ai du plaisir à étudier les plantes, les insectes, les oiseaux, les pierres, et même à les admirer tout simplement, lorsque je les trouve trop difficiles à étudier.

Dans les champs, par une belle journée, le son d'une cloche m'émeut en élevant mes idées vers Dieu. En ville, leur bruit m'étourdit et me donne l'envie de retourner à la campagne, où le chant d'un pâtre, que je trouverais détestable au milieu d'une grande réunion, me plaît encore par son laisser-aller et son insouciance.

Si donc vous éprouvez à peu près les mêmes impressions, si vous avez les mêmes idées, continuez; mon livre est court. Il vous apprendra peu de chose, il est vrai, mais peut-être contribuera-t-il à vous inspirer des goûts et des habitudes qui sont presque une garantie de bonheur.

CE QU'IL FAUDRAIT POUR ÊTRE AGRICULTEUR.

Si vous venez à la campagne avec l'idée de chasser, de donner, de recevoir des fêtes et des parties de plaisir, vivez plutôt en propriétaire, mais non en agriculteur. L'agriculture ne supporte pas ces dépenses, et pendant que vous courrez les lièvres ou que vous ferez les honneurs de votre salon, vos bœufs seront mal soignés, vos moutons mangeront les blés et les gens de la ferme mettront la maison en désordre.

Cependant le métier de cultivateur n'exige pas de la part de celui qui s'y livre une abnégation complète et de tous les instants ; je ne demanderai pas qu'il se séquestre comme un reclus, mais il ne doit pas apporter à la ferme les goûts et les habitudes des villes. Il faut, pour réussir en agriculture, une surveillance continuelle, un soin extrême des plus petites choses ; il faut, en un mot, s'identifier avec la position.

Lorsque vous voudrez vous accorder une dépense de fantaisie, faites un très-simple calcul avant de vous la permettre. Une vache ne donne qu'un veau de 20 à 30 fr. chaque année ; il faut cultiver plusieurs sillons pour obtenir un hectolitre de froment, et l'attendre dix mois avant de le récolter, tandis que des fantaisies se renouvellent tous les jours ; jugez si l'agriculture peut les supporter.

En industrie, il est possible de dépenser plus souvent, parce que les bénéfices se renouvellent plus rapidement; en agriculture, les dépenses doivent être en rapport avec la lenteur des produits. D'un autre côté, si l'agriculteur gagne moins, il est aussi moins exposé à se ruiner et ses ressources sont plus assurées.

Disons donc aux jeunes gens qui veulent devenir agriculteurs : savez-vous économiser une paire de gants, ramasser un morceau de bois qui peut avoir son utilité dans le ménage, relever quelques brins de foin perdus dans les cours ? Si vous ne vous sentez pas ces dispositions, ne vous faites pas agriculteurs, parce que vous ne réussiriez que très-difficilement. Laissez-nous ces petits soins qui nous font plaisir et que vous ne comprenez pas.

L'achat du moindre objet, quand nous pouvons nous en permettre la dépense, un très-léger bénéfice qui vous ferait sourire de pitié, sont pour nous des événements heureux.

L'agriculture est devenue à la mode, tout le monde veut être agriculteur; mais peu de personnes veulent se gêner pour le devenir.

Hé bien! j'oserai vous prédire qu'il y aura grand nombre de déceptions là où pourraient se trouver avantage et sécurité.

Cette esquisse de l'état d'agriculteur paraîtra peut-être un peu triste, on y verra une vie de privations; il ne faudrait pas oublier que je demande précisément des hommes pour lesquels l'absence de luxe et de distraction coûteuse n'est pas une privation, des hommes qui savent apprécier les plaisirs simples, la vie de famille, les études naturelles, si je puis parler ainsi : ceux-là se trouveront heureux dans une position que ne peut détruire une concurrence inintelligente ou peu honnête, qui n'a pas de renversement brusque et n'excite ni la jalousie, ni les rivalités haineuses. Ils seront à l'abri de l'ennui par un travail incessant, mais paisible, et par la nécessité d'observations intéressantes qui élèveront leurs idées.

SEMAILLES DE PRINTEMPS.

Les premières belles journées réveillent les espérances et les illusions. Tout semble rajeuni et animé d'une nouvelle vie ; c'est presque le printemps. Les grives qui chantent à la cîme des plus grands chênes vous avertissent que les terres labourées en automne devront bientôt être semées en avoine et en froment de printemps. C'est un signe plus certain que le calendrier.

Je ne saurais trop vous recommander ces

labours avant l'hiver. La gelée ameublit mieux le sol que ne pourrait le faire la charrue; elle agit surtout dans les terres de nature argileuse : l'eau dont elles sont imprégnées forme en se gelant de petites lames ou aiguilles qui, occupant plus de place que l'eau elle-même, distendent et divisent les parties qui composent le sol.

En outre, avec des terres préparées à l'automne, vous pouvez semer dès les premiers beaux jours une grande étendue en très-peu de temps. Vos grains, faits de bonne heure, seront meilleurs et mieux nourris, leurs tiges plus robustes et moins exposées à verser.

Profitez du beau temps, et toutefois n'attaquez la terre que lorsqu'elle sera bien ressuyée. Travaillée trop humide, elle se pétrirait, l'air y pénétrerait difficilement; et vous savez que, sans son influence, les matières organiques qui doivent servir à la nourriture des plantes se trouvent en mauvaises conditions pour passer dans leurs organes.

Tous les grains de printemps réussissent admirablement après les plantes sarclées, et, à moins de circonstances exceptionnelles, c'est beaucoup mieux leur place que celle des céréales d'automne.

Peut-être la terre se trouve-t-elle dans un état de trop grande division, peut-être aussi les excrétions laissées dans le sol par les racines ne conviennent-elles pas à la végétation des céréales, lorsqu'on les sème immédiatement après l'arrachage des plantes sarclées; tandis que l'hiver les décompose probablement assez pour qu'elles ne nuisent plus aux grains de printemps.

En allant voir vos semailles, vous trouverez déjà quelques fleurs, bien rares, il est vrai; mais comme ce sont les premières, leur vue vous réjouira : la drave printanière, toute petite crucifère à fleurs blanches; la pâquerette qui se tourne du côté du soleil, et se ferme le soir pour dormir; le daphné lauréole, à fleurs verdâtres, à feuilles luisantes, à suc vénéneux, croissant sous les arbres et dans les haies; les perce-neige avec leurs petites clochettes blanches; les mousses, dont la fructification est déjà avancée. Les chatons des coudriers les plus exposés au soleil commencent à fleurir : ce sont les fleurs à étamines, et les toutes petites touffes d'un beau rouge, placées à l'extrémité des bourgeons, sont les fleurs à pistil, que remplaceront les noisettes.

Lorsqu'il fera de beau soleil, vous aurez du plaisir à voir le grimpereau monter le long des troncs d'arbres pour y trouver quelques insectes. Les jolies mésanges à tête bleue et celles à tête noire leur font aussi la chasse. Le rouge-gorge anime la campagne par son chant un peu incomplet, mais harmonieux; il suit le bûcheron et le jardinier, qui lui découvrent les vers dont il se nourrit.

Nous sommes bien loin de notre agriculture; cependant je voulais vous rappeler de travailler à vos chemins. Le moment est convenable pour les dresser et étendre les pierres que vous avez fait ramasser et casser pendant l'hiver, lorsque les hommes et les attelages étaient peu occupés. Commencez par faire écouler l'eau, enlevez la boue; surtout n'allez pas jeter çà et là de grosses pierres, qui, faisant tomber les roues de plus haut, produiraient nécessairement de plus grands trous dans leur voisinage.

Soignez vos chemins, c'est la première amélioration à faire; sans quoi vous n'arriverez à rien. Une ferme double de valeur si les transports y sont faciles. Les mauvais chemins sont la ruine du fermier et du propriétaire.

ARBRES.

Si vous avez planté des arbres, vous avez dû éprouver une sorte d'orgueil en les voyant grossir. Il semble que vous avez créé quelque chose : vous les admirez avec des yeux de père et ils vous paraissent plus gros qu'à tout le monde.

Mais la culture des arbres offre autre chose que de belles illusions, elle crée des ressources certaines pour l'avenir. C'est de l'argent placé à bon intérêt, et sur un débiteur solvable.

Des peupliers marquant les détours d'un ruisseau ou d'une rivière embellissent le paysage. Ils rapportaient, disait-on autrefois, un franc par an; je crois qu'aujourd'hui le produit en serait plus élevé : la valeur des bois augmente chaque jour et celle de l'argent diminue.

Tous les peupliers sont traçants; leurs racines, garnies d'une grande quantité de chevelu, vont chercher sous le gazon l'humus qui leur est nécessaire pour une croissance aussi rapide. Presque tous les arbres qui végètent promptement ont ainsi beaucoup de chevelu.

Le peuplier blanc est peut-être le plus désagréable pour ses racines traçantes et ses nombreux rejets qui envahissent tout son voisinage, mais il a l'avantage d'être le plus rustique. Son feuillage argenté produit un effet magnifique dans des groupes d'autres arbres.

Plantez le long des rivières et des ruisseaux le peuplier de Virginie, dit suisse. Il est vigoureux et moins exigeant que le pyramidal.

Le peuplier de la Caroline, avec ses larges feuilles, peut encore être utilisé comme arbre d'ornement et de produit. Il se multiplie de boutures, ainsi que tous les peupliers, mais elles prennent difficilement et doivent être mises en terre de très-bonne heure.

Des terrains incultes, s'ils étaient couverts d'arbres résineux, deviendraient d'immenses ressources pour les propriétaires et pour la société.

Figurez-vous toutes nos immenses landes semées en pins et en sapins, il y a trente ans. Nous aurions aujourd'hui des planches à bon marché, des bois de charpente qui permettraient à l'agriculture de faire des constructions économiques dont elle manque tant; nous aurions du bois de chauffage et du charbon, pour la fabrication des fers. Défrichées ensuite, ces terres vaudraient beaucoup mieux qu'avant d'avoir porté des bois, car elles se seraient enrichies des feuilles et des débris de racines.

Le chêne, dont la croissance est lente, acquiert d'énormes dimensions et prend, lorsqu'il est abandonné à lui-même, des formes magnifiques. Son aspect nous reporte vers les temps anciens aussi bien que les créneaux d'un vieux château, et nous nous sentons saisis comme de respect devant ces témoins des révolutions humaines.

Les autres arbres font naître chez nous d'autres idées.

Le peuplier ne nous rappelle rien du passé.

C'est le temps présent qui produit vite et l'industrie qui se hâte d'exploiter.

Le vent dans les sapins nous fait frissonner : ce sont les frimats du Nord.

Le cèdre et le platane ont quelque chose d'exotique et nous reporteraient vers les temps bibliques.

Chaque arbre est organisé de manière à atteindre une hauteur qu'on ne lui fait guère dépasser qu'aux dépens de sa grosseur ou de ses formes. Laissez-leur environ les deux tiers ou au moins la moitié de leur hauteur garnie de branches ; sans quoi vous les verrez s'allonger et se tordre, n'ayant pas la force de se soutenir. En effet, la sève se portant trop rapidement dans la partie supérieure de l'arbre, pour y produire grand nombre de branches et de feuilles qui manquent, n'a pas le temps de s'arrêter dans le tronc pour le faire grossir.

On dit qu'il ne faut pas émonder dans l'année les arbres voisins du champ où l'on sème son froment, et ceci est fort raisonnable. En effet, l'arbre privé des organes qui puisaient dans l'air une partie de sa nourriture, est obligé d'en chercher dans le sol assez pour suppléer à celle que n'apportent plus les feuilles, et, en outre, pour lui donner la force de réparer ses pertes et ses blessures. Il fatigue donc davantage le sol.

Les pépinières et les semis d'arbres ne réussissent bien que sur des terrains profondément défoncés. Les jeunes plants ne sont bons qu'autant qu'on les a placés à une grande distance dans la pépinière, de manière à ce qu'ils ne s'étiolent pas. Des arbres trop serrés sont comme ces hommes qui vivent dans un appartement très-chaud et ne peuvent sortir sans s'enrhumer.

Pour réussir dans les plantations de toute nature, il faut creuser de larges fosses, afin que les racines puissent s'étendre facilement et aussi pour que le sol ne soit ni trop sec ni trop humide.

On favorise la levée des graines en recouvrant les semis d'une couche de terreau léger. Les graines d'arbres, abandonnées à elles-mêmes, tombent et sont recouvertes par les feuilles, qui servent d'abri à leurs jeunes tiges, puis forment un terreau qui les nourrit et conserve une humidité bienfaisante. En étendant sur nos semis une couche analogue, nous les plaçons dans les conditions les plus naturelles et les plus convenables.

Si nous étudions les différentes graines des

arbres, nous admirerons comment chaque espèce a reçu des moyens de conservation et de reproduction appropriés aux circonstances dans lesquelles elles doivent se trouver placées.

Quelques-unes sont pourvues de membranes ou espèces d'ailes qui permettent aux vents de les semer au loin : les pins, les sapins, les ormes, le tulipier de Virginie. D'autres sont recouvertes d'enveloppes d'une grande dureté : les noix, les amandes, les noyaux de pêche, le coco, etc. Les châtaignes, à la manière des hérissons, présentent comme défense leurs épines aiguës.

Les bourgeons sont aussi bien curieux à examiner. Ce sont en quelque sorte de petites boîtes où ont été renfermées, avec tous les accessoires nécessaires à leur conservation, les rudiments des feuilles et des fleurs qui doivent parer l'arbre l'année suivante. Presque tous sont recouverts d'écailles qui ne permettent pas à l'eau de pénétrer, et, pour plus de sûreté, un enduit ou sorte de vernis résineux les recouvre encore; voyez le marronnier d'Inde. Dans quelques espèces très-délicates, on trouve sous cette première enveloppe de la bourre ou duvet très-propre à préserver du froid. Pour les végétaux qui ne vivent qu'une année et dont les bourgeons ne se développent que dans la belle saison, ces précautions ont été omises ; elles n'étaient pas nécessaires. D'autres bourgeons sont conservés en terre : les asperges, les topinambours; quelques espèces les abritent sous les eaux : le nénuphar.

L'appareil de la floraison et de la fructification est peut-être plus merveilleux encore. La forme de la corolle, la couleur, le vernis luisant des pétales à l'intérieur, tout concourt à concentrer l'action nécessaire de la chaleur vers les étamines et les pistils, tout est combiné pour protéger et assurer la fructification.

On ne peut se lasser d'admirer cette sagesse dont les soins deviennent plus grands à proportion de l'importance des objets sur lesquels elle s'exerce. Chaque jour nous observerons de nouveaux faits qui la révèleront davantage, et cependant nous ne pouvons apercevoir que ce qu'il y a de plus saillant dans les détails de sa prévoyance.

DÉFONCEMENTS.—DRAINAGE.—TERRAINS.

Le drainage est souvent indispensable pour permettre au sol d'acquérir toute la fertilité dont il est susceptible. Non seulement il le débarrasse d'un excès d'humidité , mais encore, en le rendant poreux , il permet à l'air d'arriver jusqu'aux engrais, qui, sans son action, resteraient dans un état d'inertie à peu près complet.

Si vous avez drainé vos champs , ce n'est pas assez. Pour obtenir de cette opération tout l'effet qu'elle peut produire, il faut encore défoncer profondément, afin que l'eau puisse traverser les couches de terre et descendre jusqu'aux conduits.

En drainant et défonçant, j'ai souvent remarqué combien est grande sur le sol l'influence de l'air, de la gelée, de la chaleur et de l'eau. Les terres, qui d'abord ne semblaient pas propres à la végétation, se désagrègent, se modifient et s'améliorent au point de changer de nature en quelque sorte. Vous admirerez la disposition des couches les plus infertiles en apparence à se transformer en terre végétale et à s'animer en quelque sorte au contact de l'air.

Cette remarque sera un enseignement fort profitable en nous démontrant que si notre sol n'est pas assez profond, nous pouvons, à moins de circonstances extraordinaires, en ramenant les couches inférieures à la surface, lui donner la profondeur nécessaire pour produire une végétation forte et vigoureuse.

Les terrains profonds sont les seuls qui permettent aux racines des plantes de s'étendre facilement, et ils sont, en outre, un réservoir plus puissant pour les principes organiques dont elles ont besoin. De plus, une couche épaisse recevant la même quantité d'eau que celles qui ont peu de profondeur, doit nécessairement être moins humide en hiver, parce que l'eau est répartie dans une plus grande masse de terre ; et moins sèche en été, parce que l'eau ayant pénétré plus loin est moins rapidement évaporée.

La formation des terrains d'alluvion nous expliquera leur grande fertilité. Les eaux qui couvraient la surface du globe se sont retirées graduellement, abandonnant d'abord les hauteurs, puis les pentes moins élevées, et détachant dans leurs cours les parties les plus déliées du sol qu'elles déposaient en couches très-propres à la végétation. Nous pouvons observer que ce grand travail se continue dans les vallons des grands fleuves, des rivières et même des ruisseaux. Les pluies détachent des montagnes, des collines et des plus petites éminences la terre rendue meuble par le contact de l'atmosphère et le travail de végétation des mousses et des plus petites plantes. Elles entraînent surtout les parties organiques qui sont les plus légères et viennent les déposer dans les vallées, qu'elles rendent ainsi très-fertiles.

Ces débordements si nuisibles, ces pluies torrentielles qui font souvent notre désolation, étaient donc nécessaires pour produire des végétaux propres à l'alimentation des grands animaux, tandis que des plantes peu exigeantes vivent sur les flancs dénudés des montagnes et des collines, pour y former de nouvel humus.

Ainsi, dans les desseins d'une prévoyance admirable, les grandes catastrophes mêmes préparent encore des éléments de vie et de fécondité.

Nous en aurons une nouvelle preuve en examinant les couches de calcaire qui sont presque toujours une source de richesse. Nous y trouverons des débris de coquillages, de poissons, d'animaux marins, qui habitèrent autrefois les vallons, les montagnes et une grande partie du globe. Les couches de houille sont aussi les débris d'un ancien monde.

Tous ces végétaux et ces animaux qui nous paraissent aujourd'hui fantastiques avaient été envoyés pour préparer notre terre à recevoir des êtres plus parfaits. Leur mission accomplie, ils ont disparu des races vivantes, et leurs restes sont encore utiles aux espèces qui leur ont succédé.

Notre imagination se plaît à faire revivre ces fossiles ; nous voudrions étudier les différentes couches, dont quelques-unes se composent de races qui ont vécu dans le même lieu où elles se sont déposées paisiblement, tandis que d'autres renferment des êtres qui ont été brisés et agités par de grands bouleversements.

Mais regardons-les seulement comme un amendement pour nos terres. Le calcaire est un puissant moyen de les améliorer. Celles qui n'en contiennent pas ne sauraient être amenées à leur plus haut degré de fertilité sans leur secours ; certaines plantes, telles que les légumineuses , ne peuvent s'en passer.

A côté de ces effets bienfaisants se trouve un danger. Les substances calcaires entrent bien dans l'organisation des plantes, mais elles doivent principalement agir en rendant solubles les engrais et l'humus. Si on abusait de ces amendements, on finirait donc par détruire toute la partie organique du sol; alors il serait très-difficile, et même presque impossible, dans la pratique ordinaire, d'y introduire assez d'engrais pour le remettre en bon état.

SEMIS.—GERMINATION.—INSECTES.

Il est temps de faire les semis de betteraves.

Les primevères commencent à fleurir, les violettes, la chélidoine aux pétales vernis couvrent les gazons abrités, les feuilles tachées de l'arum paraissent au milieu des haies, enfin le saule pleureur a déjà quelques feuilles, et l'ajonc fleurit.

C'est une preuve que la végétation s'anime; j'aime mieux consulter les fleurs que mon calendrier ; comme les oiseaux, elles connaissent les saisons.

Ce moment est un des plus beaux de l'année, par l'activité que déploient les cultivateurs. C'est le temps des semis et semailles de toute espèce, le temps où tout se réveille ; c'est la vie du printemps.

Regardez les haies, les buissons, les mousses, l'écorce des arbres, l'eau; outre ces jolies fleurs qui commencent à se montrer, vous découvrirez un monde d'insectes qui s'agitent, travaillent et se dévorent à peu près comme notre grande société humaine. Vous prendrez parti pour les uns ou pour les autres, vous verrez partout mille merveilles qui vous intéresseront.

Vous serez d'abord frappé des moyens employés pour la conservation des œufs, des larves et des insectes eux-mêmes. Les crysalides des papillons, qui ressemblent à des espèces d'étuis, se sont placées dans les trous des murs, sous l'écorce des arbres, dans la terre, sous les pierres, etc. Elles y resteront jusqu'à ce que la chaleur leur permette de sortir en papillons et que les fleurs soient assez nombreuses pour les nourrir. D'autres chenilles enveloppent leur crysalide de soie ou de duvet qui les préserve du froid et de l'humidité. Toutes ces chenilles ont mangé les feuilles des arbres et des plantes de toute espèce et, lorsqu'elles seront transformées en papillons, une trompe ou suçoir leur permettra de se nourrir du suc des fleurs.

Les vers et les larves d'autres insectes demeurent dans la terre pendant quelques années, comme le ver blanc du hanneton, et vivent de racines. D'autres s'enfoncent sous l'écorce et dans l'aubier des arbres dont elles se nourrissent, pour sortir ensuite en capricornes ailés.

Les chênes sont souvent couverts de petites boules où des vers se sont mis à l'abri jusqu'à ce qu'ils puissent s'envoler en insectes.

Enfin, des mouches ont déposé leurs œufs sous la peau de nos vaches, après y avoir fait un trou. Les larves ont grossi, elles ont fait développer une tumeur où elles se nourrissent, pour devenir mouches à leur tour.

Heureusement, tous ces vers et insectes ont leurs ennemis qui les recherchent, les dévorent et empêchent qu'ils se multiplient trop; mais, quoi qu'il en soit, ils restent encore assez nombreux pour nous être nuisibles quelquefois.

Au moment donc où toute cette armée d'insectes se met en campagne, où les limaces et les limaçons commencent aussi à sortir et vont chercher leur nourriture à nos dépens, il est important de mettre les semis dans un sol assez riche, ameubli, défoncé et préparé par tous les moyens possibles, afin que la jeune plante pousse assez vigoureusement pour échapper à ses ennemis. Autrement, elle vivra quelques jours de la nourriture que lui fournira la graine, mais le sol mal préparé ne lui présentera pas les sucs donc elle a besoin, ou un trop grand travail sera nécessaire à ses racines délicates. Elle languira et les insectes auront dévoré ses premières feuilles avant qu'elle ait eu la force d'en produire d'autres.

Mais à propos de nos semis, comment n'essaierions-nous pas de nous rendre compte du phénomène de la germination. Il sera facile à observer sur les froments de printemps et les orges qui commencent à lever.

Là vous retrouverez encore toute la prévoyance qui a présidé à la naissance des animaux, des oiseaux et des insectes. Le jeune animal vit d'abord du sang de sa mère à laquelle il est attaché comme un fruit l'est à l'arbre; puis, lorsqu'il s'en détache, il trouve pour s'alimenter un lait en rapport avec ses besoins.

Dans l'œuf, une matière très-nourrissante sert à la formation et à l'alimentation du jeune oiseau.

L'insecte a eu soin de placer ses larves dans un milieu où tout est abondance, ou bien il a eu la précaution de s'engraisser avant de se changer en crysalide, faisant ainsi provision de vie, en quelque sorte.

Dans les graines, le germe est accompagné

d'une matière nourrissante qui, dans le travail de la germination, se transforme en une espèce de lait sucré pour alimenter la jeune plante, jusqu'à ce qu'elle soit en état, par ses racines et ses feuilles, de pourvoir à sa subsistance.

Comme toujours, faisons tourner nos observations au profit de la culture. Puisque les plantes n'ont d'abord pour vivre que ce lait végétal fourni par la graine, ayons soin du moins que nos semences soient grosses, saines, et puissent fournir le plus de nourriture possible à leurs germes.

HERSAGE DES BLÉS.

Il y a quelques jours, je faisais herser mes froments après avoir semé du guano dans les champs les moins fertiles. Le temps était chaud et calme, comme il convient, vous le savez, pour cette opération.

La herse détruisait peu de froment, et sur les quelques brins arrachés, je voyais une preuve de l'utilité du hersage. De nombreuses petites racines partent du collet de la plante et se glissent à la surface du sol, où elles viennent chercher l'air, la chaleur et la rosée. En rompant la croûte formée à la surface de la terre, il est aisé de comprendre combien on favorise la végétation, et combien aussi, à cette époque, les engrais pulvérulents doivent produire d'effet.

Remarquons en passant que les racines coronales ne se développent qu'après le temps des gelées, et que jusque-là le froment a vécu avec une racine plus profonde, en quelque sorte à l'abri du froid.

Chaque fois que la herse arrivait au bout du champ, je remarquais avec plaisir que peu de touffes de blé étaient attachées aux dents, mais que les véroniques à feuilles de lierre, le coquelicot, les moutardes, et même les petites graminées, moins enracinées que le froment, avaient été en partie détruites.

Dans un des champs où la terre était couverte de mottes, j'ai donné un coup de rouleau avant le hersage, et là l'opération a encore été plus complète et plus satisfaisante.

En voyant exécuter ces travaux, je pardonnais de bon cœur aux linottes, aux pinçons, aux chardonnerets, que j'avais si souvent maudits lorsqu'ils s'abattaient en grandes volées sur mes colzas à demi-mûrs.

Ces petits oiseaux nous délivrent des graines de moutardes, de ravenelles et de beaucoup d'autres qui, sans eux, infesteraient nos champs. Tout bien pesé, ils nous font beaucoup plus de bien que de mal. Aussi, je leur donne volontiers la dîme qu'ils prélèvent sur mes récoltes.

Je pardonne même aux moineaux effrontés qui ne se font pas scrupule de pénétrer dans nos greniers, et dont la voracité nous délivre d'une multitude d'insectes.

Tous les oiseaux sont donc bien plus nos amis que ces chasseurs et oiseleurs qui, sous prétexte d'exercer leur adresse, tirent les hirondelles au vol ou font une destruction générale avec leurs filets.

Tout contribuait à me faire maudire les chasseurs. Les merles, les pinçons, les alouettes, les fauvettes, les rossignols, faisaient un concert des plus réjouissants, et, tout en écoutant, j'admirais leurs travaux, l'intelligence qui préside à la construction de leurs nids, la prévoyance qui les rend inaccessibles à la vue ou à la main. Connaissez-vous quelque chose de plus joli qu'un nid de chardonneret ou de pinçon? Le nid de la mésange à longue queue et celui du petit troglodite, si alerte dans les buissons, sont de véritables chefs-d'œuvre. Ce nid de pie, qui de loin ressemble à un fagot d'épines, est construit avec art : c'est une véritable forteresse qui n'a qu'une ouverture, et dont il faut faire le siége pour y pénétrer.

Je ne vous conseillerai pas de laisser manger vos brebis par les loups, ni vos poulets par les émerillons, ni vos semis par les limaces. Remarquons seulement que toutes les espèces ont leur utilité : témoin le corbeau, qui en mangeant nos semences, vit plus souvent encore des vers qui les détruiraient; et le chat-huant, intrépide chasseur de rats, de taupes et de mulots.

SARCLAGES ET BINAGES.

Sarclez et binez vos froments. Ce travail, souvent négligé et même inconnu dans quelques contrées, doit cependant faire le complément de toute bonne culture.

Les plantes sarclées, à moins qu'elles ne reviennent très-souvent dans l'assolement, ne suffisent pas toujours pour nettoyer le sol; et mieux vaudrait ne cultiver qu'un hectare de froment bien propre que trois à quatre remplis de mauvaises herbes.

Ne négligez donc rien pour les sarclages. Des femmes feront convenablement ce travail; ce sera un moyen de leur procurer de l'ouvrage plus long-temps et de les attacher à votre exploitation.

Je ne vous recommanderai pas d'adopter tout d'abord la culture des céréales en lignes; vos terres ne sont pas encore assez préparées, et je vous conseille de faire vos essais sur une petite échelle. Cependant, un semoir simple et solide deviendra probablement un des instruments les plus indispensables. La semence distribuée au moyen d'une machine est répartie beaucoup plus également qu'à la main; elle se trouve enterrée à une profondeur régulière, et le binage n'est guère possible qu'avec cette méthode.

Tout cela est fort coûteux, direz-vous peut-être; mais notez qu'au lieu de 2 hectolitres 1/2 ou 3 hectolitres qu'on sème ordinairement, le semoir n'a employé que 80 à 100 litres par hectare; l'économie de semence paierait déjà les binages, et j'aurai en outre du froment propre et en plus grande quantité.

Les binages nettoieront la terre, non seulement pour le froment, mais pour les récoltes suivantes; en effet, ils détruisent les mauvaises herbes qui ont levé et, de plus, en remuant le sol, ils ramènent à la surface les graines qui s'y trouvaient mêlées et les placent dans des conditions où elles puissent germer pour être détruites par de nouveaux binages.

Grand nombre de graines ne lèvent pas lorsqu'elles sont enfouies très-profondément; elles se conservent plusieurs années, jusqu'à ce qu'elles soient amenées dans la couche de terre où l'air pénètre, et alors elles se montrent comme spontanément. C'est ce qui nous explique comment nous voyons surgir de nouvelles plantes dans une terre depuis long-temps en friche, où nous n'en avions pas rencontré de la même espèce.

Nous ne pouvons croire à la création spontanée de quelques herbes dont nous n'avions pas vu les graines, parce qu'elles sont trop fines ou parce qu'elles s'étaient conservées dans le sol au moyen de l'huile qu'elles contiennent ou des enveloppes dures qui les recouvrent, ou encore parce qu'elles ont été apportées par les vents. Nous savons qu'un chêne ne lève pas sans gland et qu'on ne voit pas de jeunes noyers sans noix. Pourquoi les plantes à graines fines se produiraient-elles autrement?

Mais laissons travailler vos sarcleuses et

cherchons quelques fleurs de connaissance. J'aime à retrouver la pulmonaire près d'une haie, où je la découvris pour la première fois. Ses fleurs d'un bleu violacé, ses feuilles à poil rude, un peu maculées de brun rougeâtre, en font une plante facile à reconnaître. Elle m'annonce que beaucoup d'autres espèces commencent à paraître. La pervenche tapisse un talus abrité; la stellaire montre ses étoiles blanches à côté des élégants épis de la véronique; le ménianthe, ou trèfle d'eau, fleurit au bord des ruisseaux; l'anémone des bois ou silvie ouvre ses pétales d'un blanc rosé.

Quoique le sceau de Salomon ne soit pas brillant, la couleur douce de ses feuilles et son port grâcieux le font reconnaître avec plaisir; les scilles bleues vont bientôt former de jolis bouquets.

Nous serions tentés de les transporter dans nos jardins, mais nous ne réussirions pas à faire un mélange aussi agréable que celui de nos buissons et de nos prairies.

Cette multitude de végétaux, qui semblent d'abord jetés au hasard, forme un ensemble plein d'harmonie; ils sont placés suivant leurs aptitudes ou leurs besoins. Ainsi, sur les sols arides et les rochers, végètent des plantes grasses, à feuilles épaisses, où se conserve l'humidité.

Quelques cédums croissent jusque sur les toits, ils sont presque sans racines; leurs feuilles charnues et comme spongieuses sont chargées d'absorber les principes qui doivent nourrir les plantes. Le dypsacus, qui vit sur les terrains secs et pierreux, conserve dans une coupe l'eau qui rafraîchira ses tiges et ses feuilles.

Les plantes aquatiques savent rechercher les eaux courantes ou stagnantes; elles ont des tiges qui s'accourcissent ou s'allongent suivant la profondeur des eaux.

Certaines plantes aiment l'abri des grands arbres, d'autres se plaisent à l'air libre des plaines; toutes semblent obéir à une sorte d'instinct dans le choix du lieu et du sol où elles doivent vivre.

Les racines mêmes savent distinguer la direction à prendre pour rencontrer les principes qui leur conviennent et l'humidité qui leur est nécessaire. Elles pénètrent plus ou moins dans la terre, s'étendent de tel ou tel côté, suivant qu'elles y sont appelées par le terrain et les engrais. J'ai vu un acacia enfoncer ses racines à deux mètres de profondeur pour atteindre un banc de calcaire, et il n'envoyait pas un rejeton à la surface ;

tandis que, dans les sols calcaires à la couche supérieure, l'acacia n'a que des racines traçantes qui donnent une multitude de rejetons.

MÉTÉORISATION.

Les trèfles sont encore peu élevés; mais, si vous les coupez de bonne heure, la première coupe sera tout bénéfice, parce que la deuxième viendra en bonne saison pour succéder aux fourrages de printemps, et elle sera plus fournie que si on avait trop attendu pour commencer la première. Il y aurait eu abondance d'abord, mais disette ensuite.

Les vaches vont engraisser, donner beaucoup de lait et faire de bon fumier; mais, à côté de cette richesse, il y a un danger ; la météorisation.

Cet accident sera moins à craindre si, pendant les quinze premiers jours, vous mêlez au trèfle de la paille hachée. Les bêtes ne le mangeront pas avec autant d'avidité, mais la digestion se fera mieux.

Vous savez que les ruminants n'ont pas de dents incisives à la mâchoire supérieure ; elles sont remplacées par un cartilage qui leur sert de point d'appui pour couper grossièrement les herbes qu'ils avalent à moitié mâchées. Leur langue très-rude sert à rassembler les végétaux et à en prendre rapidement une grande quantité à la fois.

Il était donc nécessaire qu'un appareil d'estomac plus compliqué que celui des autres animaux complétât la digestion. Les aliments se rendent d'abord dans une espèce de poche ou premier estomac ; là ils commencent à fermenter, puis ils reviennent dans la bouche par petites boules pour être mâchés de nouveau, et retournent ensuite dans les autres compartiments de l'estomac, où la digestion se complète.

Lorsque les animaux mangent avec trop d'avidité les plantes qui fermentent facilement, comme celles de la famille des légumineuses, et aussi celles des crucifères, il se dégage des gaz dans le rhumen, le gonflement a lieu, et, comme vous le savez, il faut avoir recours à l'ammoniaque, à l'éther, et même à la ponction.

Il est plus facile d'éviter la météorisation que de la guérir. Avant de donner à manger à vos vaches et à vos bœufs, je vous engage à bien examiner s'ils n'ont pas le flanc gauche gonflé, et si le repas précédent est complètement passé. Ainsi, il n'y aurait guère d'accidents.

Avec leur énorme appareil digestif, les ruminants ont été faits, bien certainement, pour transformer l'herbe en viande, et ce sont bien eux qui nous en fournissent la plus grande quantité. Les matières organiques sont ensuite reprises par les plantes et ces plantes par les animaux; c'est un cercle non interrompu.

Sans faire de l'anatomie comparée, nous aurons du plaisir à étudier les rapports qui existent entre les mâchoires et l'estomac. L'animal qui doit manger des aliments très-substantiels a l'estomac plus petit que celui qui consomme une grande masse de végétaux; ses dents sont faites pour déchirer et non pour broyer. Examinez les dents et l'estomac des chats, des chiens, des loups;

comparez-les à ceux des vaches et des chevaux.

Voyez aussi le bec d'un émérillon ou de tout autre oiseau de proie, il n'est pas fait pour manger des graines, et son estomac ne pourrait les digérer.

Le cerveau de ces animaux, de ces oiseaux carnassiers et voraces, est en général déprimé à la partie antérieure, et leur imagination ne les porte qu'au meurtre et à la rapine.

Heureusement que Dieu a tout prévu : en général, ces espèces se reproduisent lentement, des maladies et des accidents nombreux les détruisent. Au contraire, les pauvres animaux sans défense, qui doivent leur servir de pâture et n'ont aucun moyen de leur résister, se multiplient à l'infini pour sauver leur espèce : les lapins, les mulots, les poules, les perdrix, les petits oiseaux, etc.

PRAIRIES.

Les prairies naturelles au bord des rivières et des ruisseaux, sur fond d'alluvion, donnent ordinairement des récoltes abondantes sans engrais. Elles se trouvent suffisamment fertilisées par les vases qui s'y déposent après les inondations, et par les matières que les pluies leur amènent des hauteurs environnantes. Ces parties les plus légères, entraînées par les eaux, sont, on le sait, les plus grasses et les plus *organiques*, si je puis parler ainsi. Ces prairies n'ont donc besoin que de soins d'entretien, et elles ont en général une grande valeur.

Depuis les progrès de l'agriculture, qui tendent continuellement à augmenter les prairies artificielles, les prairies naturelles sont moins recherchées, et leur valeur doit nécessairement diminuer.

Les prairies élevées, qui ne sont que de véritables champs *pris* en herbe, et devant recevoir des engrais pour produire de bonnes coupes, n'ont pas plus de valeur que les terres arables; il y a souvent avantage à les défricher et à les cultiver pendant quelques années, pour les remettre ensuite en prairies après les avoir bien fumées. Sur un premier labour, elles donnent de superbes récoltes de colza, d'avoine, de pommes de terre.

Après avoir été ainsi *défatiguées*, elles *re-*

prennent mieux en herbe, donnent un foin plus abondant et de meilleure qualité.

Les herbes ont, comme nous le disions des plantes en général, un véritable instinct pour se diriger vers les substances qui leur conviennent.

Si on sème du guano vers le mois de mars sur un gazon ou une prairie, on verra, quelques semaines après, de petites racines aériennes partir du collet des graminées, et s'étendre comme un réseau de duvet pour chercher les sucs nutritifs contenus dans l'engrais resté à la surface du sol.

Le hersage des prairies au printemps est aussi une méthode excellente, non seulement comme opération mécanique en quelque sorte, pour renchausser les herbes en étendant les petites élévations de terre qui ont surgi à la surface, mais parce que ces petits *boudins* enroulés, que vous remarquez au printemps, sont de l'humus que les vers de terre ont été chercher à une certaine profondeur pour le ramener digéré et facile à absorber pour les plus petites graminées. Les vers qui se nourrissent d'humus sont donc de véritables auxiliaires chargés de préparer les aliments aux plantes à racines traçantes et faibles, qui ne peuvent profiter que de ce qui est amené à leur portée.

Chaque espèce de plantes a une prédilection pour certaines espèces d'engrais; ainsi, vous verrez surgir les légumineuses là où vous aurez employé les cendres, la charrée, la chaux; les graminées préfèrent les engrais azotés.

On a répété que les prairies artificielles sont la base de toute bonne agriculture, les cultivateurs en sont à peu près convaincus;

cependant on ne les multiplie pas encore autant qu'il le faudrait. Une simple réflexion suffira pour le faire comprendre. On loue une prairie naturelle un tiers plus cher qu'un champ de même qualité, et ce champ, cultivé en trèfle, en luzerne, en sainfoin, produirait une plus grande quantité de fourrage.

Ces plantes, de la famille des légumineuses, exigent quelques précautions pour faire de bon foin. Leurs tiges, grosses et succulentes, sèchent difficilement, tandis que leurs feuilles composées se dessèchent et tombent, si on les laisse exposées au soleil.

La fermentation est un bon moyen de parer à ces deux inconvénients ; mais il faut avoir une certaine force de volonté, et se mettre au-dessus du qu'en dira-t-on pour essayer une méthode qui excite souvent la raillerie.

Je me permettrai de donner ici quelques détails :

Aussitôt que le fourrage est coupé, si le temps est sec, ou le lendemain s'il a été fauché par un temps humide, on le met en gros tas, faits avec soin et légèrement tassés sur les bords.

La fermentation s'y établit promptement, et devient telle, au bout de trois à quatre jours, qu'on aura de la peine à y tenir la main. On démonte alors le tas ; les grosses tiges semblent cuites, et toute la masse exhale une forte odeur de miel. La dessiccation s'opère ensuite facilement, sans que les feuilles se détachent de leurs tiges.

Ces foins n'ont pas une belle apparence, mais les animaux en sont très-friands, et l'espèce de coction qu'ils ont subie les rend plus nourrissants.

Certainement ce travail est moins animé que le fanage à la fourche. J'aime à voir les bandes de faneurs et faneuses partant gaîment la fourche et le râteau sur l'épaule, en attendant que la mécanique remplace ces instruments.

Je n'irai pas jusqu'à transformer les travailleurs en bergers et en bergères gracieuses et charmantes, mais il y a dans les allures des ouvriers de la campagne quelque chose de si simple, de si paisible, qu'on ne peut se défendre d'éprouver au milieu d'eux comme un certain enchantement, presque de l'enthousiasme pour la vie des champs.

Les travaux des usines et des fabriques n'inspirent pas le même sentiment, le même repos d'esprit : ce n'est plus le soleil avec ses bienfaits, les champs avec leurs merveilles créées sans effort ; c'est la fumée qui étouffe, les machines effrayantes, une population aux figures agitées.

Devant cette différence, efforçons-nous de retenir aux champs la population des campagnes en lui fournissant des travaux continuels et mieux rétribués. Pour cela, il faut mettre notre agriculture au niveau des autres industries, faire pour elle des sacrifices raisonnés, donner nos soins aux plus petites améliorations ; ce serait rendre un véritable service à la société tout entière. Je ne me lasserai jamais de le dire : l'homme qui laboure son champ, récolte son foin ou son blé, a une vie plus heureuse et un avenir plus assuré pour ses enfants que celui qui est lancé dans un monde où tous les besoins se multiplient, s'accumulent. On finit par se faire des nécessités si grandes que tous les bénéfices, tous les salaires sont absorbés sans aucune réserve et presque sans qu'on puisse résister à ces entraînements.

Les habitudes de la campagne, la simplicité des besoins n'ont rien d'excitant, d'irritant comme la vie des villes.

En général, les habitants des campagnes sont économes, et même en tirant un faible produit de leurs terres ou en gagnant un pénible salaire, ils savent encore mettre en réserve des grains ou quelque argent pour les temps mauvais. Ils sont lents à dépenser, parce qu'ils savent que leurs bénéfices se réalisent lentement.

Un habit dure long-temps parce qu'on le choisit fort et bon. En ville, on le prend éclatant et léger ; si malgré cela il résiste, on le change de forme pour en finir plus vite.

Mais n'allons pas croire avec le grand nombre que pour conserver au cultivateur cette simplicité de mœurs, on doive le laisser croupir dans une ignorance qui le maintiendrait dans un état voisin de la misère.

Il faut au contraire éclairer son esprit, relever ses idées, lui faire voir qu'il peut améliorer sa position sans abandonner son état. Tout cela lui sera inspiré par une éducation simple et solide comme le sont sa vie et ses habits, si je peux me permettre cette comparaison.

Pas de ce luxe d'instruction qui ne laisse que le vide et l'inquiétude d'esprit. L'étude des faits qui se rattachent à l'agriculture, l'explication pratique des opérations agricoles, quelques notions simples des principaux phénomènes de la végétation et de l'organisation animale. Point de théories vagues, mais des applications directes.

Ainsi les enfants des campagnes, rapportant-tout à leur état, s'accoutumeraient à l'aimer et ne voudraient plus le quitter.

Ils n'iraient pas grossir le nombre de ces esprits malades qui voudraient faire fortune en un jour, sans efforts, sans persévérance, sans ordre, et qui s'en prennent à la société, s'ils n'ont pas réussi.

RÉCOLTES ET BINAGES.

La récolte des foins, celle du colza et la moisson, qui se succèdent pendant la saison la plus chaude, sont moins agréables que les plantations, les semailles et les premières fleurs printanières. L'espérance est presque toujours plus belle que la réalité.

Cependant de beaux champs de colza, des foins qui tombent sous la faulx et des épis bien mûrs nous font plaisir.

Les orages mêmes qui renversent quelquefois nos plus belles espérances, donnent une telle activité à la végétation que nous aimons encore à parcourir nos champs après leurs pluies bienfaisantes.

Puis le soir, lorsque le soleil baisse, on se plaît à entendre les faucheurs battre leurs faulx ; peut-être parce qu'il s'y rattache une idée de repos après un travail pénible, peut-être aussi parce qu'on y retrouve quelque chose de l'harmonie des cloches.

Pendant la grande chaleur, le bruit des sauterelles et le bourdonnement des autres insectes disposent au sommeil, à l'ombre des arbres.

On aime à suivre les abeilles dans leur vol, sur les fleurs, à la ruche. On ne se lasse pas d'admirer leur société laborieuse et si bien organisée : une reine chargée des soins du gouvernement et de la reproduction, des mâles ou bourdons qui sont chassés de la société aussitôt que leur mission est accomplie, des ouvrières formant la masse de la population et créées sans sexe pour qu'elles n'aient pas d'autre préoccupation que celle du travail.

Le foin est mûr lorsque le pollen s'échappe des graminées, le matin, sous forme d'une poussière abondante. C'est une preuve qu'elles ont toute leur force et que la vie est dans toute son activité. Plus tard, ces principes de vitalité se concentrent dans la graine qui tombe sous la fourche et il ne reste plus, dans les foins coupés trop mûrs, que la partie la moins nourrissante de la plante (1).

(1) Les graines sont plus propres à l'alimentation des animaux et à enrichir le sol que les autres parties du végétal. Les tiges de colza sont moins nourrissantes que les siliques. Les tourteaux de graines forment un puissant engrais.

Le foin séché et mis en tas subit une légère fermentation qui est indispensable à sa bonne qualité. Il exhale une odeur agréable qui, mêlée à celle des fleurs très-nombreuses alors, donne à l'air quelque chose de balsamique. Cependant, les jours diminuent déjà; on commence à éprouver comme un sentiment d'inquiétude et de regret.

Le colza peut se perdre dans quelques journées. Les siliques transparentes, les oiseaux qui s'abattent sur les cimes, quelques graines noires indiquent qu'il faut couper.

Le colza, comme toutes les graines qui contiennent de l'huile, se conserve très-long-temps dans la terre. Si donc nous labourons immédiatement après la récolte, les graines se mêlent au sol et relèvent pendant plusieurs années, à mesure qu'on les ramène à la-surface. On doit leur laisser le temps de germer avant de faire son labour.

Il est à remarquer que les plantes dont les graines sont très-nombreuses et dont les facultés germinatives se conservent long-temps, ne se reproduisent que très-peu par leurs racines : les moutardes, les ravenelles, les coquelicots, le colza. Les graminées, dont les graines se conservent moins longtemps, ont des racines souvent traçantes et difficiles à détruire : le chiendent, l'avoine bulbeuse. Il y a encore ainsi équilibre dans les moyens de conservation des espèces.

Les froments et les orges sont mûrs lorsque les épis se recourbent et s'abaissent.

Il est à peu près prouvé qu'en coupant quelques jours avant la complète maturité, la farine est plus belle et se fait mieux ; mais pour semence, il faut laisser mûrir entièrement sur la tige.

Le battage au fléau n'est plus guère usité; il a été remplacé par les machines. Ont-elles enlevé des journées de travail aux ouvriers? Non, dans les fermes où on sait cultiver. Pour battre, il fallait négliger des travaux fort utiles qu'on peut aujourd'hui exécuter en temps convenable.

Aussitôt les récoltes enlevées, on doit herser pour faire lever les mauvaises herbes, et labourer pour les semailles de fourrages dérobés. Si la dureté du sol exige plus d'attelages en cette saison, il y a cependant grand avantage à ne pas attendre, afin que la terre soit travaillée par le temps sec; elle restera plus long-temps meuble.

Pendant les travaux des récoltes, le temps a passé rapidement; il a peut-être été difficile de ne pas négliger les sarclages et les binages. Cependant, les binages ouvrent la terre à l'air, aux rosées, aux petites pluies, qui seraient promptement évaporées si elles n'avaient pénétré dans la terre meuble. Les routes sèchent vite parce qu'elles sont dures, tandis que les champs voisins, fraîchement labourés, se maintiennent humides.

Par le temps le plus sec, un binage fait reverdir les feuilles des betteraves et autres plantes sarclées. Si l'herbe les domine, elles s'étiolent et reprennent difficilement une belle végétation.

Dans cette saison si chaude, ne vous êtes-vous pas arrêtés quelquefois à regarder les milliers d'insectes qui s'agitent dans les eaux et ces jolies libellules qui chassent sur leurs bords. Avec leur corsage élégant et leurs ailes brillantes, on serait tenté de leur croire des mœurs aimables ; mais si on les suit un instant, on les verra prendre au vol de pauvres insectes pour lesquels elles sont de véritables bêtes de proie. Leurs larges mandibules cornées et toute leur physionomie ont du reste comme un caractère de férocité.

Vous avez remarqué cette toute petite lentille d'eau qui couvre les eaux stagnantes comme d'un voile pour en arrêter l'évaporation et absorber une partie des miasmes qui s'en dégagent. Ne la cherchez pas sur les rivières qui coulent rapidement. Elles n'en avaient pas besoin.

Sur les eaux, nous trouverons de magnifiques plantes, qui ne le cèdent en rien à celles de nos serres : le nénuphar, avec ses larges feuilles flottantes, formant de véritables îles pour les insectes; le butome ou jonc-fleuri, la sagittaire. Au bord des rivières et des ruisseaux, la salicaire, avec ses longs épis de fleurs rouges, les épilobes, l'eupatoire, le tout petit myosote. Enfin, les renoncules aquatiques dont les feuilles et les tiges se modifient suivant qu'elles se trouvent dans des eaux courantes ou seulement sur un terrain marécageux. Dans les eaux, elles s'allongent et flottent comme une longue chevelure où se jouent les poissons et les insectes; ailleurs, elles se réduisent presque à l'état de gazon.

Les grands fleuves et les grandes rivières nous offrent des aspects très-variés. Les belles vallées où elles coulent, la végétation luxuriante des prairies et des arbres qui les bordent, souvent à côté de rochers nus et arides, donnent au paysage un charme qu'on ne retrouve jamais dans les terrains plats. Les eaux des rivières ont quelque chose d'animé : elles semblent nous apporter des nouvelles des montagnes d'où elles coulent, des pays qu'elles ont parcourus, et notre imagination les suit jusqu'à la mer, où elles vont se perdre.

Les petits ruisseaux, plus humbles, ont aussi des côteaux, des sources, des montagnes ; des populations ne connaissant que la partie qu'elles habitent. Comment ne pas prendre plaisir à examiner ces petits mondes? Qui ne s'est oublié à suivre le courant qui passe, la feuille qu'il emporte?

Tout en examinant les insectes et les plantes, sachez voir les détails de culture et les mille petits riens qui échappent à vos ouvriers; ne sortez jamais sans un cahier et un crayon pour inscrire toutes vos remarques. Ces notes forcent à l'ordre et rappellent des choses qui seraient souvent oubliées.

Avec une liste des travaux à faire, on pourra choisir dans son cabinet ceux qui devront être exécutés par le beau ou par le mauvais temps. Il y aura toujours du travail pour les attelages et les ouvriers, et on ne sera pas exposé à donner ordre et contre-ordre, ce qui est toujours très-fâcheux.

Souvent les attelages sont à l'écurie, et des labours, des hersages sont en retard, ou bien des pierres, des bois, des terres, restent à transporter, parce qu'on n'y a pas pensé. Quand même on ne ferait qu'une besogne peu profitable et que les attelages ne gagneraient qu'une partie de leur entretien, il y aurait encore avantage à la faire ; ce serait autant à diminuer sur le prix des journées, lorsqu'ils exécuteraient des travaux plus profitables.

On éprouve un certain plaisir à noter le

travail du lendemain, à inscrire les circonstances dans lesquelles les récoltes ou les travaux ont été exécutés, et même à faire des remarques sur ce que l'on veut étudier en rentrant. L'année d'après, ces notes seront un utile calendrier.

TRAVAUX D'AUTOMNE.

A vingt-cinq ans, toutes les belles journées sont charmantes, notre jeune imagination embellit même les plus mauvaises, et lorsque les feuilles deviennent un peu moins vertes, elles ne nous annoncent que le temps des vacances et des longues promenades. Pas un regret ne les accompagne lorsqu'elles tombent au premier vent d'hiver.

Plus tard, le printemps a encore des journées d'espérance; l'été nous occupe en exigeant des soins continuels pour sauver les récoltes entre les alternatives de sécheresse et d'orage. Et si nous profitons parfois de l'ombre des arbres, c'est plutôt pour nous reposer que pour réfléchir.

Mais l'automne nous attriste par la perspective de l'hiver. Nous jouissons d'une belle journée sans être sûr d'en avoir une autre le lendemain.

Les feuilles qui jaunissent et qui tombent nous annoncent la fin de bien des êtres, et nous ne pouvons nous défendre d'une vague inquiétude lorsque nous les entendons se froisser sous nos pas.

Mais elles nous disent aussi que c'est le temps de semer avant l'hiver les semailles qui doivent germer pour l'année suivante; c'est une espérance qui ranime. Hâtons-nous de faire nos froments. Les semences tardives sont rarement avantageuses : pour quelques exemples où elles ont réussi, il y a de nombreux insuccès.

On ne peut guère espérer de belles récoltes de froment que sur un sol amélioré par une rotation bien entendue. Lorsqu'on sème sur un terrain fumé immédiatement, on peut obtenir une très-belle végétation, mais non une très-belle récolte. Gardez vos engrais pour les fourrages et pour les racines qui ne souffrent pas d'une végétation herbacée très-vigoureuse, le froment grainera mieux sur un terrain où le fumier aura été consommé pendant plusieurs années.

Si vous semez sur fumier de très-bonne heure et très-épais, la végétation sera magnifique, les nombreuses racines envahiront le sol et emploieront tous les sucs à produire de belles récoltes, mais il ne leur restera pas assez d'espace pour trouver au printemps la substance qui doit former les tiges et les épis; alors la plante jaunira et produira peu.

On peut semer par un temps un peu humide ; cependant j'ai fait mes semailles par le temps sec, et elles réussissaient très-bien. Le travail est plus facile et il faut moins de semence.

Je trouve avantage à semer mes froments en lignes. Tous les grains lèvent, parce qu'ils se trouvent placés à une profondeur convenable ; on peut sarcler entre les lignes, et chaque pied trouve assez d'étendue pour former une touffe de tiges vigoureuses et fortes.

Après les semailles, il faut surveiller les rigoles d'écoulement et faire les labours préparatoires pour celles de printemps.

La récolte des racines, la mise en silos, la plantation du colza terminent les travaux actifs de la saison.

C'est aussi le temps le plus convenable pour la plantation des arbres. On peut commencer aussitôt que les feuilles tombent; leur chute indique que la végétation est arrêtée.

Les plantations demandent beaucoup de soins. Planter un arbre après avoir déchiré le chevelu ou meurtri les grosses racines, mieux vaudrait le jeter tout de suite au feu; car on n'aurait pas la peine de le mettre inutilement en terre pour l'en arracher bientôt. Autant que possible, il faut conserver toutes les racines et le chevelu sans les tirailler, il faut les mettre bien à l'aise dans une large fosse, orienter l'arbre comme il l'était dans sa première position, et le planter à la même profondeur qu'il l'était aussi. Nous avons lu ces préceptes dans Virgile; ils ont le mérite de n'être pas nouveaux.

DÉFRICHEMENTS.

Les bruyères roses sont bien belles et bien gracieuses, elles forment un contraste frappant avec la couleur un peu terne des landes, dont elles sont l'ornement avec les ajoncs. On les dirait faites pour des terrains plus riches et même pour les serres et les jardins.

Malgré cela, les landes très-étendues sont tristes ; c'est la nature sauvage avec toute son âpreté. Les bois et les forêts, qui sont bien aussi sauvages, ne sont point tristes comme les landes, et ils ont même un charme indescriptible. C'est le silence et l'abri, mais c'est la vie; tandis que les landes sont l'abandon et la stérilité.

Je voudrais donc voir disparaître toutes ces terres incultes, qui ne sont plus de notre époque et qu'une nombreuse population ne peut souffrir plus long-temps.

Si je suis partisan des défrichements, c'est avec de la prudence que je voudrais les voir attaquer; car ces travaux, faits inconsidérément, n'ont pour résultat que la ruine de ceux qui les entreprennent et le retour inévitable à l'état de lande des terres mal défrichées.

Avant de se livrer à une entreprise de ce genre, un examen sérieux du sol doit précéder la charrue. Si ce sol est peu profond, trop accidenté, d'un accès difficile, ou bien dans un pays où la main-d'œuvre est très-rare, des semis de bois et des plantations seront le meilleur moyen d'en tirer parti.

Très-souvent les bois donnent un produit aussi élevé que les terres labourables de médiocre qualité, le succès est à peu près assuré et il n'est pas besoin d'un capital aussi élevé pour faire des bois que pour une culture très-active.

Si des terrains propres à faire des fermes sont semés ou plantés en bois, ils ne diminuent pas de valeur, ils en acquièrent au contraire une grande, et c'est un moyen d'attendre que la culture des environs soit assez riche pour fournir des engrais et des fourrages capables d'aider à leur mise en valeur.

La culture des bois ne peut donc être

qu'avantageuse, et elle forme comme une grande division d'un assolement qui, plus tard, doit trouver sa place dans la grande culture.

Planter sa tente au milieu d'une grande étendue de landes où les bâtiments, les chemins, les fourrages, les fumiers manquent, me semble chose difficile et même fort dangereuse. Un propriétaire riche, pouvant disposer d'un gros capital, peut seul faire de telles entreprises. Le petit propriétaire et le fermier ordinaire doivent y renoncer, à moins qu'ils ne puissent attendre les produits; car le temps est un véritable capital. Dans ce cas, une petite étendue défrichée, améliorée et pouvant produire quelques fourrages, sera un point d'appui qui permettra d'avancer plus loin sans danger.

Plus tard, d'autres hectares viendront se

grouper autour des premiers défrichés et donneront encore des moyens plus puissants pour étendre la culture. On arrivera ainsi à faire un travail fructueux et assuré.

La position sera encore meilleure, si une ferme déjà en culture depuis long-temps se trouve jointe à la lande; ce sera un point d'appui plus solide. Après avoir amélioré les terres de la ferme, elles produiront des fourrages, des grains, du bétail, etc., dont une partie pourra servir à maintenir en bon état de culture les terres nouvellement défrichées.

Alors le succès suivra inévitablement, et nous n'aurons point à redouter ces grandes catastrophes si nuisibles aux intérêts agricoles.

Les défrichements, entrepris sans ménagements et sur une grande échelle, par des hommes qui n'ont pas un capital suffisant, ne font qu'aggraver la position, et des terres ouvertes sans fumier et sans amendements reviennent inévitablement à l'état de landes.

Je dirai donc encore : défrichons ; mais, avant de le faire, calculons si la terre défrichée est dans une position à payer les frais, et créons-nous un point d'appui si nous n'en trouvons un tout fait, ce qui est encore préférable.

Si nous n'avons rien de tout cela, semons ou plantons des bois.

ASSOLEMENTS.

L'automne avec ses feuilles jaunes m'attriste quelquefois, et l'idée d'entrer en hiver me glace un peu. Cependant, lorsqu'il est commencé, je le trouve moins désagréable que je ne m'y attendais. Je fais aussitôt des projets pour les semailles de printemps; je revois mon assolement, et quelquefois je vole un peu de temps à mes occupations utiles pour visiter mon herbier.

La petite étiquette placée à côté de chaque plante avec le lieu où elle a été cueillie, la date, le nom d'un ami, me rappellent des journées agréables. Souvent le souvenir d'une promenade ou le projet d'en faire une nouvelle dans un lieu connu fait plus de plaisir que la promenade elle-même.

C'est aussi le temps de revoir son assolement.

L'observation a dû nécessairement nous amener à varier les cultures. Dans les prairies, dans les champs incultes et même dans les bois, nous trouvons de véritables assolements.

Après de très-grands arbres, les plantes les plus herbacées, les plus molles, envahissent le sol pour faire place ensuite à d'autres végétaux ligneux. Souvent on voit apparaître dans les prairies des herbes qui ne s'y trouvaient les années précédentes qu'en très-petite quantité.

Il ne pouvait guère en être autrement, puisque chaque plante prend dans le sol les éléments dont elle a besoin, et qu'elle rend à la terre des principes utiles à d'autres végétaux.

L'assolement fait suivre une marche régulière, indispensable dans toute exploitation bien tenue. Il force à concentrer sur une division de la ferme, c'est-à-dire sur les plantes sarclées, les fumiers, les labours, les sarclages et les binages. De la terre ainsi préparée produira d'énormes récoltes et continuera, presque sans frais, à donner beaucoup; autrement, vous disséminerez vos forces sur une énorme étendue; les récoltes peu soignées n'auront que de pauvres résultats; des fumiers frais activeront un instant la végétation herbacée des céréales, mais, à l'époque de la formation des grains, il ne restera plus rien; les terres malpropres se saliront de plus en plus, et, au bout de dix années, vous ne serez pas plus avancé que le premier jour.

Je répéterai ce que j'ai dit bien des fois: avec des engrais pour traiter faiblement quatre hectares, il vaut mieux en fumer un seul. On aura plus de produits et trois à quatre fois moins de travail.

Les grands principes des assolements que vous connaissez sont donc :

Ne cultiver que ce que l'on peut largement fumer;

Ne jamais mettre successivement deux plantes de même espèce;

Faire alterner les récoltes de grains avec les fourrages et les plantes sarclées, et réserver tout le fumier pour ces dernières cultures.

Quelques agriculteurs ont nié la nécessité

d'avoir un assolement. Il n'est pas besoin de grands efforts de raisonnement pour les combattre, puisque dans la nature nous en trouvons les principes tout faits, et qu'on ne peut guère supposer une bonne culture sans guide.

J'ai souvent oublié la culture en parlant des insectes, des plantes, des oiseaux, et même d'un beau rayon de soleil. Aujourd'hui, je me laisse presque aller à parler de principes d'agriculture. C'est que l'assolement est la base de toutes nos opérations, et qu'avec son aide on arrive à de grands résultats.

BÉTAIL ET FUMIERS.

Même par le plus mauvais temps, il y a du plaisir à visiter les étables, lorsqu'elles sont propres et bien tenues. Les veaux qui tétent leurs mères, les femmes qui traient les vaches, la douce atmosphère de l'étable, tout contribue à inspirer je ne sais quel sentiment de bien-être physique et moral, si je puis m'exprimer ainsi, qu'on ne peut apprécier qu'avec une longue habitude de la campagne.

Il est bien certain que si, après avoir passé une soirée dans des salons éblouissants, où tout le système nerveux a été mis en jeu, on vient le matin visiter une étable, tout y semblera triste, détestable, exhalant une mauvaise odeur.

Cela vient de ce que toute l'imagination, toutes les ressources physiques ont été dépensées en un instant. On use trop vite les provisions de sa vie ; il ne reste plus rien, et on est blasé à vingt ans, de même que les yeux ne voient plus rien lorsqu'ils ont été éblouis par un soleil trop vif.

Croyez-moi, allez voir vos vaches, vos bœufs, vos chevaux ; cela ne vous blasera jamais, et vous y trouverez toujours du plaisir, si vous pouvez vous mettre, je me permettrai de le dire, au niveau de vos occupations.

Je suppose que vous avez su choisir pour vos vaches la race qui convient à vos ressources, et que vous n'avez pas mis sur un sol maigre des animaux exigeants, ou sur une terre riche et abondante en fourrages des bêtes faites pour vivre dans les landes.

Quelque race que vous ayez adoptée, il y a toujours avantage à la bien nourrir; c'est le seul moyen d'arriver à de bons résultats pour votre bétail et vos fumiers. Les animaux sont comme la terre; ils ne produisent que lorsqu'ils reçoivent. Dix vaches bien entretenues donneront autant de lait que vingt vaches mal nourries, et le fumier aura le double de valeur.

Elles ont besoin d'une certaine quantité de nourriture pour entretenir leur vie ; nous ne pouvons rien en obtenir lorsqu'elles ne reçoivent que cette quantité nécessaire. Ce que nous leur donnons en plus, elles nous le rendent en lait ou en graisse.

Si une machine à vapeur, chauffée modérément, donne seulement la force nécessaire pour faire mouvoir ses arbres et son volant, mais rien autre chose; continuellement chauffée à la même température, elle ne produira toujours que le mouvement de ses axes, et sera inutile. Si on élève la chaleur, on augmente sa vie en quelque sorte; le surplus de force qu'elle acquiert peut être utilisé à notre profit et devient tout bénéfice.

De même, les animaux ne recevant que la ration de leur existence ne produisent rien; ce ne sera qu'après avoir dépassé cette mesure que nous profiterons plus ou moins.

La nourriture du bétail à l'étable est le

complément de toute bonne culture. On ne peut admettre le pâturage que sur des terres qui ont peu de valeur, car il faut en consacrer en plus grande partie à la nourriture des animaux, et encore ils sont moins bien nourris.

Avec les fourrages artificiels, les racines et les fourrages supplémentaires dérobés, on peut entretenir abondamment le bétail ; le fumier, au lieu d'être à peu près perdu dans les chemins ou sur les terres en friche, sera convenablement recueilli, préparé avec discernement; et comme il provient d'aliments riches et d'animaux en bon état, il sera aussi très-gras et fertilisant.

D'un autre côté, des vaches qui ne font qu'un exercice modéré mettent tout à profit pour la production du lait et de la viande. Si elles font de grands efforts pour trouver leur nourriture, elles dépensent en exercice, et nous profitons d'autant moins.

Un cheval qui ne travaille pas engraisse avec une faible ration de nourriture; celui qui est soumis à des travaux pénibles consomme davantage et n'engraisse pas.

Les animaux que nous entretenons sur nos fermes produisent donc avec la nourriture que nous leur donnons, de l'exercice, du lait ou de la viande. Nous n'avons besoin de l'exercice que pour les animaux de travail; pour les autres animaux, nous ne profitons que du lait et de la graisse : les efforts et l'exercice qu'ils sont obligés de faire, lorsqu'ils cherchent leur nourriture au pâturage, sont donc en pure perte pour nous.

Les fumiers et les engrais de toute nature sont la préoccupation continuelle des cultivateurs, parce qu'ils ne peuvent rien faire sans leur secours ; cependant rien n'est plus mal soigné que les fumiers, et les engrais les plus précieux sont perdus sans que personne songe même à les recueillir.

Toutes les matières organiques jouissent à un plus ou moins grand degré de propriétés fertilisantes. Les matières végétales sont moins fertilisantes que les matières animales, et la plupart du temps le mélange de ces substances est le meilleur moyen de donner à chacune toute son activité.

Les matières animales fermentent avec une grande force et servent à faciliter la décomposition des matières végétales dont la fermentation est beaucoup plus lente. A très-peu d'exceptions près, les matières qui fermentent le plus fortement et se putréfient le plus rapidement, sont celles qui contiennent le plus de principes fertilisants.

Rien n'est perdu dans notre atmosphère. Ce que nous n'utilisons pas donne la vie à des plantes, des insectes, des animaux. Les gaz répandus dans l'air sont absorbés par les feuilles des arbres et des autres végétaux. Notre but doit être de faire tourner à notre profit la plus grande masse possible de ces matières organiques; c'est-à-dire prendre la plus grande part de cet engrais aérien.

Examinons ce qui entre dans une grande ville et même dans un bourg. Que deviennent ces quantités considérables d'animaux, de froment, de légumes? Ils sont détruits et décomposés dans quelques jours, comme dans une grande usine.

Une faible partie des résidus est utilisée, et le reste va se déposer dans les canaux, dans les rivières, où il forme des foyers de corruption et des causes de maladies pour les habitants des villes qui ne respirent qu'un air vicié. Quel bien-être pour une population toujours croissante, si ces résidus étaient transformés en grains, en fourrage et par suite en viande !

INSTRUMENTS.

Les instruments doivent se perfectionner à mesure que le besoin des améliorations agricoles se fait sentir. Sur un vaste sol qui n'avait qu'un petit nombre d'hommes à nourrir, la plus grossière charrue suffisait pour faire produire des récoltes assez abondantes. Mais le crochet qui fouillait la terre et la remuait incomplètement dut bientôt être perfectionné. On y ajouta un versoir, puis un soc plat, et enfin toutes les parties nécessaires pour travailler convenablement le sol avec peu d'efforts et de manière à favoriser assez la végétation pour nourrir beaucoup de monde sur un petit espace.

Plus tard, les besoins se faisant sentir, des industries nouvelles se créèrent et les bras devinrent plus rares : les herses, les rouleaux, les machines à battre et les instruments de toute espèce durent les remplacer. Nous pouvons donc dire encore que les instruments et machines agricoles se multiplieront à mesure que les perfectionnements apportés à la culture exigeront plus de main-d'œuvre.

Cependant, gardons-nous bien de nous laisser séduire par les inventions dues à des imaginations plus ou moins fécondes, et qui n'ont pas toujours assez vu le travail à faire.

La mécanique agricole doit être simple avant tout et solide, parce que la solidité est une garantie de durée et par suite d'économie.

Les instruments qui font deux ou trois besognes au moyen de pièces de rechange sont rarement bons. Il en est de même de ceux à bon marché, qui s'usent promptement et ne remplissent pas leur but.

Déjà le fer a remplacé le bois pour les pièces qui ont besoin d'une grande durée et d'une grande force sous un petit volume.

Il est probable que, les bois devenant moins communs, nous devrons faire un grand usage du fer. Du reste, les instruments en fer sont souvent plus légers que ceux en bois, et ils sont beaucoup plus durables.

De ce côté, nous ne craindrons pas de manquer de matériaux; car, si les bois et les forêts s'épuisent, les mines de fer sont inépuisables.

Pouvons-nous ne pas remercier la main qui nous a donné avec profusion un métal si utile, sans lequel nous ne pourrions rien faire. Cependant ce fer, que nous trouvons partout et qui, en petite quantité, est utile à la vie des plantes et des animaux, serait la destruction de toute végétation s'il était mélangé à toute la surface du sol. Il a donc été nécessaire qu'il fût placé profondément dans les entrailles de la terre ou rassemblé sur des points isolés, et cette main prévoyante ne l'a pas oublié. Il en a été de même de tous les métaux dont les sels sont généralement nuisibles à la végétation.

COMPTABILITÉ.

Pendant les journées d'hiver, on doit, dans toute exploitation bien entendue, s'occuper de l'inventaire et de la comptabilité.

Les estimations et les chiffres sont certainement peu séduisants. Cependant, après une année de travail, lorsque les grains sont dans les greniers, les foins en meules, les betteraves en silos et quelque peu d'argent dans la caisse, nous éprouvons une satisfaction très-réelle, en calculant que la subsistance de nos animaux est assurée, que rien ne manquera dans la famille, et qu'il nous sera permis de répandre un peu de bien autour de nous.

Nous aimerons à connaître le résultat de nos opérations, l'ensemble aussi bien que les détails. Notre amour-propre sera flatté d'une récolte de beaux froments, de belles orges, ou d'énormes betteraves. Mais, si nous pouvons constater un bénéfice, le succès sera plus complet, et nous aurons encore grand plaisir à consulter et à tenir nos livres pendant que la neige fouettera les vitres et que le sifflement du vent nous fera trouver notre chambre agréable, toute humble que nous pourrons la supposer.

Il y a des choses qu'on ne peut expliquer et que l'on regrette, lorsque les années accumulées sur nos têtes ne permettent plus d'être enfant.

Je me prends souvent à penser aux douces jouissances que j'éprouvais autrefois en construisant une cabane sous le prétexte qu'elle devait m'abriter l'hiver, aux provisions de bois sec que je ramassais sous les arbres pour cuire des châtaignes ou des pommes de terre.

Eh bien! en récoltant mes betteraves, en faisant mes silos, j'éprouve un plaisir analogue, et le premier rayon de soleil du printemps, les premiers chants des oiseaux, les premières fleurs me trouvent encore jeune.

Vivez à la campagne, cultivez vos champs, et vous serez plus heureux que partout ailleurs.

Vous n'y serez point troublé par les fluctuations de la rente; l'agiotage de la Bourse ne vous inquiétera plus. Ces réunions où l'on respire à peine, où tout est factice, où l'on essaie tout, ne laisseront point dans votre esprit le vide si pénible qui fait recommencer le lendemain ce qui ennuyait la veille.

Vos idées seront fraîches et paisibles comme vos occupations.

Venez à la campagne, c'est là qu'on vit de la vie de famille, de la vie réelle, exempte autant que possible des mille petits assujettissements que la vanité et l'amour-propre sèment dans la vie du monde et des affaires.

TABLE DES CHAPITRES.

Rennes, imprimerie Oberthur, rue Impériale, 8.

OUVRAGES DU MÊME AUTEUR :

ÉLÉMENTS D'AGRICULTURE ou Leçons d'Agriculture faites aux élèves des Trois-Croix et à ceux de l'École normale. — Ouvrage couronné par la Société royale et centrale d'Agriculture, en 1840, et approuvé par le Conseil de l'Université, pour les Ecoles normales primaires, 3e édit. 1 fr. 50

HERBIER AGRICOLE pour les élèves des Trois-Croix et ceux de l'École normale, ou liste des Plantes les plus communes, avec 110 figures..... 1 fr. 50

LECTURES ET PROMENADES AGRICOLES pour les enfants des Ecoles primaires, 2e édition........ 60 c.

QUELQUES OBSERVATIONS PRATIQUES.......... 90 c.

NOTICE SUR LES INSTRUMENTS ARATOIRES..... 50 c.

Chez le même Libraire :

Malaguti.—LEÇONS DE CHIMIE AGRICOLE, professées en 1857, 1 vol. in-12........... 1 fr.

— 1858, pour paraître au mois d'août prochain....................... 1 fr.

Quernest.—USAGES ET RÈGLEMENT LOCAUX ayant force de loi dans le département d'Ille-et-Vilaine, 1 vol. in-8°......... 2 fr.

www.ingramcontent.com/pod-product-compliance
Ingram Content Group UK Ltd.
Pitfield, Milton Keynes, MK11 3LW, UK
UKHW021059260726
13994UKWH00002B/595

9 782329 441047